BEI GRIN MACHT SICH IHR WISSEN BEZAHLT

Die bengalische Textilindustrie und ihre Auswirkungen auf Land, Menschen und Natur. Die Arbeit in der Textilbranche

Luis Ausserbauer

Bibliografische Information der Deutschen Nationalbibliothek:

Die Deutsche Nationalbibliothek verzeichnet diese Publikation in der Deutschen Nationalbibliografie; detaillierte bibliografische Daten sind im Internet über http://dnb.d-nb.de abrufbar.

ISBN: 9783346583062
Dieses Buch ist auch als E-Book erhältlich.

Gliederung

1.Die Modewelt von heute

1.1 Bedeutung von Kleidung

Die uralte Frage der Menschheit „Was soll ich heute anziehen?" stellt sich wohl jeder bevor er das Haus verlässt. Heutzutage ist das Thema „Mode" für den Großteil unserer Gesellschaft essenziell und längst sind neue Klamotten für viele ein Grundbedürfnis geworden. Kleidung muss inzwischen immer und überall verfügbar sein, sodass es unzählige Internetseiten gibt, bei denen man rund um die Uhr per Mausklick bequem von Zuhause aus seine Anziehsachen bestellen kann und diese binnen weniger Stunden geliefert sind. Egal ob es regnet, schneit, oder die Sonne scheint, ob man in die Arbeit oder zum Sport geht, man möchte auf jeden erdenklichen Anlass und jedes Wetter vorbereitet sein, dabei auch noch dem neuesten Trend folgen und möglichst gut aussehen. Anders gesagt, der Spruch „Kleider machen Leute" ist immer noch topaktuell.

1.2 Konsumverhalten bezüglich Textilien

Um das Konsumverhalten hinsichtlich Kleidung näher zu bestimmen, führte ich eine Befragung durch. Insgesamt wurden 60 Personen aus 4 verschiedenen Altersgruppen befragt, um ein möglichst repräsentatives Ergebnis zu erhalten. Es stellte sich heraus, dass die befragten Personen im Durchschnitt 60 Kleidungsstücke im Jahr kaufen[1]. Bei einer so hohen Stückzahl liegt es nahe, dass beim Kleidungskauf vor allem auf einen möglichst niedrigen Preis geachtet wird. Aus diesem Grund fragte ich weiterhin nach, was in den Augen der Befragten ein angemessener Preis für ein T-Shirt sei. Das Ergebnis war verblüffend, denn der Großteil aller vier befragten Altersgruppen war der Ansicht, dass 15-25 Euro für ein T-Shirt angemessen seien, wobei auch viele der Jüngeren meinten, nur 5-15 Euro seien ein guter Preis[2]. Als Letztes fragte ich, ob die Teilnehmer der Umfrage an einer nachhaltigen und fairen Herstellung der Kleidung interessiert seien. Das Ergebnis war, dass sich 80% nicht für diese beiden Faktoren interessieren, sodass lediglich jeder fünfte bei Kleidung auf die soziale und ökologische Ebene achtet[3]. Anscheinend sind Preis, Komfort, Aussehen, Qualität oder Marke des Kleidungsstückes wichtiger. Kurzum, beim Kauf von Anziehsachen geht es den meisten darum, möglichst viel Gutaussehendes zu einem niedrigen Preis zu finden, sodass soziale und ökologische Aspekte vernachlässigt werden.

---

[1] Vgl. Diagramm 1
[2] Vgl. Diagramm 2
[3] Vgl. Diagramm 3

Es ist evident, dass bei diesem Konsumverhalten ein Ungleichgewicht vorliegt, denn die Menschen wollen *viel* Kleidung für *wenig* Geld. Diese Disparität hat zur Folge, dass die Kleidung für Europa im Ausland gefertigt wird, da die Herstellungskosten trotz des weiten Transportweges billiger sind als eine Produktion im Verbraucherkontinent[4]. Die meisten wissen über dieses „Outsourcing" in der Modebranche Bescheid[5], jedoch ahnen viele nicht, wie die Menschen sowie die Umwelt in den Fertigungsländern deshalb leiden und welche Ursache dieses Leid hat.

1.3 Methodik

Um das Ausmaß dieser Problematik anhand eines Beispiels zu veranschaulichen, wird im Laufe dieser Arbeit die Textilindustrie von Bangladesch genauer analysiert. Dabei wird zunächst der Zusammenhang zwischen Bangladesch und der Kleiderindustrie beschrieben und diese dann ausführlich dargestellt. Hierbei wird insbesondere auf die Arbeitsbedingungen und die Auswirkungen auf die Umwelt eingegangen. Danach werden die Gründe für die Situation dargestellt und die Ergebnisse dieser Arbeit zusammengefasst.

2. Die Auswirkungen der bengalischen Textilindustrie auf Land, Menschen und Natur

2.1 Bangladesch und die Bekleidungsindustrie

2.1.1 wirtschaftliche Situation Bangladeschs

In den letzten Dekaden konnte das Entwicklungsland Bangladesch ein enormes Wirtschaftswachstum erzielen, denn das BIP wuchs durchschnittlich um 4,2%, sodass dieses 2017 einen Höchststand von 245,6 Milliarden US-Dollar erreichen konnte[6]. Ein ebenso erstaunliches Wachstum legte das Bruttonationaleinkommen hin. Dieses lag 2010 noch bei 180,5 Milliarden US-Dollar, und nur 7 Jahre später war die 250 Milliarden-Grenze, dank eines durchschnittlichen Wachstums von 4,3%, geknackt[7]. Wenngleich die Wirtschaft des Landes so gesehen sehr gut aussieht, so ist die Realität eine ganz andere. Das BIP pro Kopf ist mit etwas über 1000 US-Dollar extrem niedrig, sodass Bangladesch beispielsweise 2010 nur Platz 181 auf der Weltrangliste belegte, was bedeutet, dass der Großteil der Bevölkerung in bitterer Armut lebt[8].

Millionen Bengalen leben immer noch auf dem Land, wo die Lebensbedingungen besonders schlimm sind und der einzige Arbeitgeber die Landwirtschaft ist[9]. Dort müssen die Menschen

---

[4] Wulff 2018, S.3
[5] Vgl. Diagramm 4
[6] Kuschnir 2019, S.5
[7] ebd., S.13
[8] ebd., S.7
[9] Yunus (2018), Kap.5, S.2

nicht nur täglich die harte körperliche Arbeit, in der Landwirtschaft leisten, sondern nahezu jedes Jahr kommt es im ländlichen Bangladesch zusätzlich zu zerstörerischen Überschwemmungen[10]. Die Menschen müssen dann regelrecht zusehen, wie ihnen ihr ohnehin schon knappes Hab und Gut von den Fluten entrissen wird[11]. Das verstärkt nicht nur die vorherrschende Armut, sondern aus diesem Grund fliehen Hunderttausende Landbewohner in die Städte[12], wo sie sich ein besseres Leben erhoffen. Dort angelangt verwandelt sich die Hoffnung recht schnell in Enttäuschung, da das Leben in Riesenstädten, wie der Hauptstadt Dhaka, nicht unbedingt besser ist als das auf dem Land[13]. Im städtischen Milieu ist es nämlich nicht mehr die Landwirtschaft, die die Bevölkerung in die Knie zwingt, sondern dort ist es vielmehr die Textilindustrie[14]. Die Menschen haben also die Wahl zwischen einem Leben am Land mit wiederkehrenden Überschwemmungen und einem Leben in der Textilindustrie, wobei sich immer mehr (verständlicherweise) für Letzteres entscheiden.

Laut dem statistischen Bundesamt trägt die Industrie mittlerweile ca. 28% zum bengalischen Bruttoinlandsprodukt bei, und etwa jeder Fünfte arbeitet inzwischen (gezwungenermaßen) in diesem immer populärer werdenden Wirtschaftsbereich[15]. Vergleicht man den Index der industriellen Produktion mit dem Index der landwirtschaftlichen Produktion im Zeitraum von 2000-2016, stellt man fest, dass die Industrie von Bangladesch die Landwirtschaft inzwischen weit überholt hat und immer mehr an Bedeutung für das Land gewinnt[16].

2.1.2 Bedeutung der Textilindustrie

Die bengalische Industrie wird bereits seit längerer Zeit besonders von der Textilindustrie dominiert und diese verlieh dem Land internationale Aufmerksamkeit. Mittlerweile bringt die Branche über 10% des BIPs ein, das heißt die Textilindustrie erwirtschaftet etwa die Hälfte aller Einnahmen der gesamten Industrie (etwa 28% des BIP, siehe oben) des Landes[17]. Insgesamt haben etwa 20 Mio. der 160 Mio. Bengalen in irgendeiner Weise mit der Textilindustrie zu tun[18]. Kurzum, jeder *Achte* Bengale, ist an die Kleiderindustrie gebunden.

---

[10] Vgl. Bild 1
[11] Yunus (2018), Kap.5, S.2
[12] ebd.
[13] Burckhardt 2015, S.18
[14] ebd., S.19
[15] Statistisches Bundesamt (2018): Bangladesch-Statistisches Länderprofil, https://www.destatis.de/DE/Themen/Laender-Regionen/Internationales/Laenderprofile/bangladesch.pdf?__blob=publicationFile, (17.8.19)
[16] Vgl. Diagramm 5
[17] Brühl, Jannis (2013): Faserland, https://www.sueddeutsche.de/wirtschaft/textilindustrie-in-bangladesch-arbeiten-und-sterben-im-faserland-1.1661365 (17.8.19)
[18] ebd.

5

Die enormen Exporterlöse der Textilindustrie machen 80% der Gesamtexportwerte des Landes aus, und inzwischen ist Bangladesch der zweitgrößte Produzent für Textilien geworden[19]. Während 1990 der Wert der Textilexporte noch bei 600 Mio. Dollar lag, so wurden im Jahr 2010 bereits Textilien im Wert von 23. Mrd. Dollar exportiert und 2013 waren es bereits unglaubliche 26 Milliarden Dollar[20]. Die Kleidung wird dabei zu 58% nach Europa und zu 23% in die USA exportiert, das heißt: „Mehr als die Hälfte aller Textilexporte aus Bangladesch landet am Ende (...) in europäischen Warenhäusern"[21]. Begründen lassen sich diese hohen Exportzahlen nach Europa mit der Tatsache, dass die EU im Januar 2011 eine Gesetzesänderung, die dem Entwicklungsland sehr gelegen kam, durchführte[22]. Vor jenem Januar musste nämlich „ein bestimmter Anteil an Vorprodukten eines Kleidungsstückes aus dem Land stammen [...], das es exportiert"[23]. Für Bangladesch ist die Gesetzesänderung deshalb so gut, denn das Land exportiert zwar Unmengen an Kleidung, jedoch stammt die Baumwolle dafür aus anderen Ländern, was bis 2011 zu Exporteinschränkungen geführt hat[24]. Der zweite Grund für die vielen Verkäufe nach Europa ist, dass in China, dem wichtigsten Kleiderhersteller, die Lohnkosten sehr stark gestiegen sind, weshalb das Land nicht mehr so interessant für europäischen Firmen ist. Diese haben nämlich längst in Bangladesch ihren neuen Exportpartner gefunden[25]. All das hat zur Folge, dass Bangladesch für Deutschland nach China zum wichtigstem Importpartner für Klamotten geworden ist[26], was darauf hindeutet, dass unser Konsumverhalten gegenüber Mode ohne Bangladesch gar nicht denkbar wäre.

2.1.3 Vor- und Nachteile der Kleiderindustrie

Obgleich all diese ökonomischen Fakten es so erscheinen lassen als wäre die Textilindustrie für Bangladesch der Ausweg der Armut, so hat die Kleiderherstellung wie eine Medaille zwei Seiten. Einerseits ist der Produktionszweig ein Segen, denn er schafft selbstverständlich eine Menge Arbeitsplätze, was dabei hilft Arbeitslosigkeit und Unterbeschäftigung zu beseitigen und andererseits ist er ein Fluch, da die Arbeitsbedingungen und der Umgang mit der Umwelt katastrophal schlecht sind. Dieser Meinung ist auch der bengalische Wirtschaftswissenschaftler und Friedensnobelpreisträger Muhammad Yunus, der sich zu diesem heiklen Thema geäußert hat. Seiner Meinung nach sei die Arbeit in der Textilindustrie trotz ihrer menschenunwürdigen

---

[19] ebd.
[20] Burckhardt 2014, S.34
[21] ebd.
[22] ebd., S.36
[23] ebd.
[24] ebd.
[25] ebd.
[26] ebd., S.35

Arbeitsbedingungen ein „ ‚fantastischer‘ Beitrag zur Befreiung der Frauen [...], sie gebe ihnen die Chance aus absoluter Armut aufzusteigen"[27]. Zu beachten ist auch, dass Bangladesch ohne die Bekleidungsindustrie überhaupt nicht dazu fähig wäre ein so gewaltiges Wirtschaftswachstum, das sich positiv auf alle wirtschaftlichen Bereiche des Landes auswirkt, zu erzielen. Anders gesagt, befruchtet dieser Industriezweig die gesamte Wirtschaft des Landes und sorgt somit dafür, dass das Land sich zum Guten hin entwickeln kann.

Würde die Bekleidungsindustrie wegfallen, beziehungsweise würde die westliche Welt die Kleidung aus Bangladesch boykottieren, so wäre dies keinesfalls hilfreich für das Land, sondern im Gegenteil, ein Boykott würde die Situation Bangladeschs drastisch verschlechtern. Dieser Meinung ist auch Yunus und ferner sieht er auch den Aufstieg der Frauen in Gefahr[28],denn wenn dies geschieht, so würden tausende Näherinnen ihre Arbeit verlieren und dadurch auch ihren Unterhalt. Somit könnten sie ihre Familien und sich selbst nicht mehr ernähren, weshalb eine Hungersnot nicht allzu unwahrscheinlich wäre. Weiterhin würde die Wirtschaft des Landes ihr wichtigstes Element verlieren, sodass eine Welle der Armut und Verelendung die Folge wäre.

Anzumerken ist auch noch, dass Bangladesch inzwischen so dicht besiedelt ist, dass die heimische Landwirtschaft nicht mehr ausreicht, um die vielen Bewohner zu ernähren[29]. Folglich müssen die dringend benötigten Nahrungsmittel aus dem Ausland importiert werden, wofür wiederum Geld benötigt wird. Dieses Geld kommt aus den beiden anderen Wirtschaftssektoren, dem tertiären und dem sekundären Sektor. Als wichtigster und ertragreichster Teil des sekundären Sektors trägt die Textilindustrie ergo zur Ernährung des gesamten Landes bei. Kurzum, die Bekleidungsindustrie ist für Bangladesch essenziell und ohne sie würde das Land in einem extremen Elend versinken.

Die Textilindustrie mag vielleicht einen Vorteil für das Land und dessen Wirtschaft mit sich bringen, jedoch gilt das nicht für die meisten Beschäftigten in dieser Branche. Begründen lässt sich dies damit, dass die Arbeitsbedingungen und der Zustand der Fabriken entsetzlich sind. Zu diesem Schluss kommt auch der Friedensnobelpreisträger Yunus, der die Lebensbedingungen der Arbeiter, mit denen vergleicht, die zu Zeiten der Industrialisierung in Europa herrschten[30]. Dieser Vergleich mit einer Zeit, in der es weder Gesundheitsschutz, Versicherungen noch

---

[27] Naß, Matthias (2014): Bangladesch-Nähen für die Frauenbefreiung https://www.zeit.de/2014/25/bangladesch-machtkampf/seite-2 (17.8.19)
[28] ebd.
[29] Lernhelfer (2010): Bangladesch-Bengalen, https://www lernhelfer de/schuelerlexikon/geografie/artikel/bangla desch-bengalen (18.8.19)
[30] Brühl, Jannis (2013): Faserland, https://www.sueddeutsche.de/wirtschaft/textilindustrie-in-bangladesch-arbeiten-und-sterben-im-faserland-1.1661365-2 (18.8.19)

gesetzliche Bestimmungen zu den Arbeitsbedingungen gab, mag zuerst ein wenig übertrieben klingen, doch im Grunde genommen trifft es diese Gegenüberstellung auf den Punkt.

Ein weiterer Gesichtspunkt ist, dass die Umwelt enorm unter der Kleiderherstellung leidet, da hochgiftige Chemikalien ungefiltert in die Flüsse gelangen, was eine Gefahr für nahezu alle menschlichen, tierischen und pflanzlichen Bewohner Bangladeschs darstellt[31].

Zusammenfassend lässt sich also sagen, dass die einzelnen Menschen und die Natur sehr unter der Textilien-Herstellung leiden, während das Land und die Wirtschaft enorm davon profitieren. Aus diesem Grund kann man nicht sagen, dass die Textilindustrie für Bangladesch ein Fluch oder ein Segen ist. Es ist eben ein Thema mit Schatten- und Sonnenseiten.

2.2 Arbeit in der Textilindustrie

2.2.1 Arbeitszeiten, Löhne und Lebensbedingungen

Bei den negativen Seiten der Bekleidungsindustrie handelt es sich, wie bereits angeschnitten, vor allem um die Arbeits- und Lebensbedingungen der überwiegend weiblichen Belegschaft, die in den Textilfabriken Tag für Tag arbeiten müssen. Diese Bedingungen sind absolut menschenunwürdig und man möchte fast meinen, die Arbeiterinnen seien die Sklaven der Fabrikbesitzer, da das Leben der Textilarbeiterinnen wie folgt aussieht:

Der Arbeitstag beginnt bereits in den frühen Morgenstunden, denn die Arbeiterinnen müssen oftmals bereits um 8 Uhr an ihrem Arbeitsplatz, den weit entfernten Fabriken, sein[32]. Bei einem so frühen Arbeitsbeginn sollte man meinen, die Angestellten können am Nachmittag nach Hause gehen, doch tatsächlich sitzen sie manchmal sogar bis 22 Uhr vor ihrer Nähmaschine, wobei viele auch Nachtschichten bis Mitternacht einlegen müssen[33]. Weiterhin haben die Näherinnen keinen Urlaub und gearbeitet wird auch am Wochenende[34], sodass absolut keine Zeit für Erholung und Freizeit bleibt. Normalerweise sind die Arbeitszeiten selbst in Bangladesch nicht so gewaltig, jedoch sind die Arbeiterinnen dazu *gezwungen* Überstunden zu machen, denn ansonsten drohen ihnen Strafen wie *„in der Ecke stehen"* oder Lohnkürzungen[35]. Abgesehen von einer einstündigen Mittagspause müssen die Beschäftigten durchgängig in großen Hallen auf einem Hocker sitzen und nähen, während sie von (männlichen) Aufsichtspersonen genauestens

---

[31] Kolonko, Gilbert (2019): Bangladesch: Der Mensch frisst sich weiter auf, https://www.heise.de/tp/features/Bangladesch-Der-Mensch-frisst-sich-weiter-auf-4324624.html?seite=all (19.8.19)
[32] Burckhardt 2014, S.12
[33] ebd., S.12-13
[34] Burckhardt 2015, S. S.59-60
[35] Burckhardt 2014, S.13

beobachtet werden[36]. Nachdem die Frauen ihre Arbeit in der Fabrik erledigt haben und nach Hause gegangen sind, was bei den meisten eine Stunde dauert, müssen sie sich auch noch um ihre Kinder und ihren Haushalt kümmern[37]. Ihr Arbeitstag endet somit eigentlich erst gegen 24 Uhr und bei all der harten Arbeit können sie nur etwa 7 Stunden schlafen. Insgesamt kommen die Textilarbeiterinnen so auf etwa 100 harte Arbeitsstunden pro Woche, was kein Mensch auf Dauer aushalten kann, ohne sich dabei Grunde zu richten.

Für all diese Arbeit erhalten die Näherinnen in der Regel monatlich 8000 Taka (=etwa 85 Euro)[38]. Das heißt, der maximale Stundenlohn liegt, ausgehend von einer 95 Stunden Woche, bei etwa 21 Taka (=23 Cent), was selbstverständlich keineswegs ausreicht, um eine Familie zu ernähren, da die Frauen von ihrem Verdienst auch noch Miete zahlen müssen und die hat sich in den letzten Jahren versechsfacht[39]. Durch die unzähligen Überstunden verdienen die Arbeiterinnen sogar über dem Mindestlohn, jedoch liegt ihr Verdienst noch weit unter dem Existenzlohn[40]. Mit einem Gehalt von 8000 Taka verdienen sie nämlich gerade einmal 25% des Existenzlohnes, was beweist, dass die Näherinnen in Bangladesch enorm unterbezahlt sind[41]. Angesichts dessen liegt es nahe, dass die Textilarbeiterinnen keine Ersparnisse haben und sich sehr darum bemühen, bei jeder Gelegenheit Geld zu sparen.

Aus diesem Grund leben 70% aller Stadtbewohner in Elendsvierteln[42]. Dort herrschen katastrophale Lebensumstände und wenn man Bilder von den Behausungen der Menschen sieht, möchte man fast meinen, man blicke ins zurück ins Mittelalter[43]. Muzammal Hoque, der Direktor der Organisation Assistance for Slum Dwellers, fasst die Lebensverhältnisse der Slumbewohner in einem Interview mit dem Magazin für globale Entwicklung und ökumenische Zusammenarbeit in die richtigen Worte: *„Die Bewohner der Slums leben in ständiger Furcht, vertrieben zu werden. Sie haben keinerlei Anspruch auf das Land, auf dem sie leben. Sie haben keinen Zugang zu sauberem Wasser und zu sanitärer Versorgung. Und es gibt eine hohe Kriminalität in den Slums. Die meisten Slumbewohner kämpfen jeden Tag ums Überleben"*[44].

2.2.2 Gefahren für die Gesundheit

---

[36] Burckhardt 2015, S.58-59 / vgl. Bild 2
[37] Burckhardt 2014, S.12
[38] Holl, Anna (2016): Leute machen Kleider, http://n21.press/leutemachenkleider/ (19.8.19)
[39] ebd.
[40] ebd.
[41] ebd.
[42] Burckhardt 2015, S. 16
[43] vgl. Bild 3
[44] Magazin für globale Entwicklung und ökumenische Zusammenarbeit (2010), https://www.welt-sichten.org/artikel/3058/slumbewohner-gelten-nicht-als-menschen-mit-rechten (20.8.19)

9

Neben dem Wohnort der Näherinnen birgt auch die Arbeit in Fabriken viele Risiken, denn die Fabrikbesitzer sind nicht gerade darum bemüht, den Arbeitsplatz so zu gestalten, dass dieser keine Gefahren für die Gesundheit der Angestellten mit sich bringt. Für sie zählt nur der Profit. Die gesundheitlichen Risiken und Probleme der Arbeiter und Arbeiterinnen erstrecken sich dabei über weite Bereiche.

Beispiele für solche gesundheitlichen Gefahren findet man vor allem in den Gerbereien, in denen oft die ganze Familie zusammenarbeitet, da der Lohn der Eltern nicht ausreicht, um zu überleben[45]. Dort sind die Arbeitsbedingungen besonders schlimm, denn bei der Herstellung von Lederwaren werden Chemikalien benötigt, die bei falscher Handhabung zu lebenslangen Allergien, Krebs und Hautverätzungen führen können[46]. So kommt es, dass 13-jährige Kinder an einem der dreckigsten Orte der Welt in T-Shirt und kurzer Hose stundenlang mit giftigen Lederwaren hantieren müssen und dafür nur einen erbärmlichen Lohn bekommen, obwohl sie ihre Gesundheit und ihre Bildung für diesen Job opfern[47].

Die Gesundheit der Arbeiter wird zudem durch die stark veralteten Herstellungsweisen, mit denen die Textilien in Bangladesch hergestellt werden, gefährdet. Ein außerordentlich erschreckendes Exempel hierfür sind die sogenannten *„Sandmänner"*[48]. Sie *„sprühen mit selbst gebauten Hochdruckstrahlern Sand auf Jeans"*[49], damit diese einen cooleren Look bekommen. Bei ihrer Arbeit stehen die Männer mit einem provisorischen Mundschutz in einem kleinen staubigen Raum, und sind nur damit beschäftigt Sand auf Jeans zu sprühen[50]. Es liegt auf der Hand, dass die Arbeit dieser Männer höchst gesundheitsschädlich ist, denn ihre „Sicherheitskleidung" stellt keines Weges einen Schutz für die Gesundheit dar. Viele erkranken an einer tödlichen Silikose (=Staublunge)[51]. Aufgrund ihrer starken Gesundheitsschädigung ist die Methode in Europa und in der Türkei längst verboten[52]. In Bangladesch ist sie leider für viele die einzige Chance Geld zu verdienen.

2.2.3 Sexuelle Belästigung, Gewalt und Diskriminierung gegenüber Frauen

Die Näherin Arifa Sultana Anny bringt es in einem Interview mit der Journalistin Anna Holl auf den Punkt: *„In der Fabrik war es eine Tortur"*[53]. Die 19-jährige Bengalin gibt überdies mehrere Insider-Informationen bekannt, die einem den Atem rauben. So gäbe es in der Fabrik, in der die

---

[45] Gesichter der Armut-Leben mit ein paar Cent ZDF: 34:14-34:34
[46] ebd., 37:34-37:57
[47] vgl. Bild 4
[48] WELTJOURNAL⁺: GIFTIGES GEWAND - Arbeitshölle Bangladesch ORF 20:8-20:12
[49] ebd.,20:12-20:20
[50] ebd., 20:35-20:40 / vgl. Bild 5
[51] ebd., 21.05-21:20
[52] ebd., 21:20-21:29
[53] Holl, Anna (2015), Ich verspreche, die Kleidung so gut wie möglich zu machen. Das ist mein Versprechen, http://n21.press/in-der-fabrik-war-es-eine-tortur/ (20.8.19)

junge Dame gearbeitet hat, nur zwei Toiletten (für 500 Arbeiter und Arbeiterinnen), keinen Arzt, keine Kantine und keinen Gebetsraum, was in dem streng muslimischen Land ein großes Problem darstellt[54]. Arifa gibt auch Auskunft über die Konsequenzen eines Fehlers bei der Arbeit: *„Wenn ich einen Fehler übersah und die Vorarbeiterinnen fanden es heraus, sagten sie mir, dass ich meinen Job nicht gut mache. Wenn die Vorarbeiterinnen einen Fehler fanden, ließen sie mich leiden. Sie strichen mir Stunden von meiner Anwesenheitsliste, für die ich dann nicht bezahlt wurde, obwohl ich gearbeitet hatte"*[55]. Auch wenn, dies zunächst sehr hart klingen mag, so hatte Arifa an ihrem Arbeitsplatz noch Glück, denn andere Fabrikbesitzer greifen oftmals zu ganz anderen Methoden, was sich mit einigen Aussagen von Textilarbeiterinnen beweisen lässt.

So sagt beispielsweise eine andere Näherin: *„Im März dieses Jahres begannen der Aufseher und der Produktionsleiter, mich zu schubsen und zu schlagen. Erst später merkte ich, dass der Produktionsleiter offenbar sexuelles Interesse an mir hatte. Er verunglimpfte meine Eltern, behandelte mich schlecht, und wenn ich versuchte, mich zu wehren, drohte er, mich zu feuern. Ich kann es mir nicht leisten, diesen Job zu verlieren. Wie soll ich sonst überleben?"*[56]. Sexuelle Belästigung, Unterdrückung und Gewalt gegenüber Frauen in der Textilindustrie scheinen nicht ungewöhnlich zu sein, denn andere Näherinnen berichten ähnlich erschreckende Geschichten.

Kalpona Akter, eine ehemalige bengalische Fabrikarbeiterin, bestätigt die Aussage ihrer Leidensgenossin, indem sie sagt: *„Arbeiterinnen werden zum Schweigen gebracht, in den Fabriken und zu Hause. Durch Gewalt oder Androhung von Gewalt, durch Angst, bei der Arbeit missbraucht zu werden oder ihren Arbeitsplatz zu verlieren. Wir sind sexueller Belästigung ausgesetzt. Uns wird gesagt, dass wir wertlos sind; dass wir nicht den Mund aufmachen sollen"*[57].

Ein weiterer Aspekt, der grauenvolle Schicksale beinhaltet, ist das Thema Mutterschaftsurlaub. In Bangladesch ist es gesetzlich vorgeschrieben, dass Frauen im Falle einer Schwangerschaft ein Recht auf 4 Monate bezahlten Urlaub haben, damit genug Zeit ist, um sich auf die Entbindung vorzubereiten und um sich um ihr Kind zu kümmern[58]. Viele Fabrikbesitzer halten sich jedoch nicht, an die gesetzlichen Vorgaben und so kommt es, dass die schwangeren Frauen entweder kein Geld bekommen oder, dass sie ihren Mutterschaftsurlaub mit ihrem normalen Urlaub decken müssen[59]. Das Problem dabei ist, dass die Frauen ohne das Geld von der Fabrik nicht in der Lage sind zu überleben und, dass sie in den allermeisten Fällen überhaupt keinen

[54] ebd.
[55] ebd.
[56] Burckhardt 2015, S.59
[57] FEMNET (2018): Frauen in der Bekleidungsindustrie Bangladeschs, https://anubere-kleidung.de/wp content/uploads/2018/07/FEMNET-FactSheet-Bangladesh-2018-online.pdf (21.8.19)
[58] Burckhardt 2015, S.60
[59] ebd.

regulären Urlaub haben[60]. Infolgedessen arbeiten viele Frauen noch kurz vor der Geburt ihres Kindes, was aufgrund der unmenschlichen Arbeitsbedingungen häufig zu Fehlgeburten führt[61].

Morium Begum ist eine Näherin, die dieses Schicksal erleiden musste. Die 20-Jährige musste trotz Schwangerschaft, Müdigkeit und Krankheit 100 Stunden in der Woche arbeiten, sodass ihr Kind im 7. Monat starb[62]. Über den Verlust ihres Kindes sagt sie: *„Ich habe um 9:30 Uhr entbunden, aber mein Baby kam zu früh und starb. Für mich ist es ein Verlust, den ich nie vergessen werde"*[63]. Andere Frauen, die sich ebenfalls in einer Schwangerschaft befanden, erhielten sogar Morddrohungen oder wurden einfach entlassen[64].

2.2.4 Kinderarbeit

Obwohl es in dem Land eine Schulpflicht gibt, ist Kinderarbeit in Bangladesch immer noch recht häufig vertreten[65]. Die deutsche Zeitschrift „Stern" schätzt, dass heutzutage etwa 4 Millionen bengalische Kinder die Schulpflicht ignorieren, um vor allem in der Textilindustrie arbeiten zu können[66]. Die genaue Zahl der arbeitenden Kinder kann aber nicht bestimmt werden, denn Kinderarbeit wird natürlich möglichst geheim gehalten, da sie keinesfalls eine gute Werbung für die dort produzierenden Firmen ist.

Wie viele andere Kinder, muss auch der 13-jährige Mohammed in der Textilindustrie fast täglich 10 Stunden arbeiten[67]. Die Familie des Jungen ist hoch verschuldet und mit seiner Arbeit soll er dazu beitragen die Familie zu ernähren[68]. Der Junge beginnt seine Arbeit, manchmal sogar ohne Frühstück, in den frühen Morgenstunden und er kehrt erst nach Hause zurück, wenn es bereits dunkel ist, sodass keine Freizeit bleibt[69]. Diesen Tagesablauf muss der Jugendliche sechsmal durchstehen bis er einen freien Tag hat, an dem er sich von der harten Arbeit in der Näherei erholen kann[70]. Trotz allen Leides ist Mohammed optimistisch und sagt: *„Wenn ich einmal viel Geld verdient habe, könnte ich vielleicht zurück [in die Schule]"*[71], was angesichts der bitteren Armut seiner Familie und der niedrigen Löhne vermutlich nie geschehen wird.

---

[60] ebd.
[61] ebd.
[62] ebd., S.61
[63] ebd.
[64] ebd.
[65] Stern (2016): Wenn Kinder für unseren billigen Wohlstand schuften müssen, https://www.stern.de/wirtschaft/news/kinderarbeit-in-bangladesch--wie-kinder-fuer-den-westen-schuften-7229030.html (21.8.19)
[66] ebd.
[67] Kinderarbeit in Bangladesch (2018) ZDF-logo!, 00:30-00:32
[68] ebd., 00:15-00:20
[69] ebd., 01:00-01:20
[70] ebd., 00:28-00:30
[71] ebd., 00:13-00:25

Betroffene Kinder wie Mohammed schwänzen die Schule dabei selbstverständlich äußerst ungerne, jedoch bleibt ihnen oftmals keine andere Möglichkeit. In Familien mit mehreren Kindern ist es für die Eltern, deren Lohn nicht einmal für sie selbst ausreicht, meist sehr schwer die Familie zu ernähren, weshalb sie es sich nicht leisten können, dass ihre Kinder in die Schule gehen. Auf Grund dessen bleibt ihnen nichts anderes übrig als ihre Kinder in die Arbeit zu schicken, damit diese dort einen Beitrag zur Finanzierung der Familie leisten können[72]. Dabei ist dies in den meisten Fällen verboten, da es laut dem bengalischen Gesetz zwar erlaubt ist, dass Kinder ab 14 Jahren arbeiten, jedoch darf diese Arbeit nur 36 Stunden dauern und das wird oft nicht eingehalten, denn es ist in der bengalischen Textilindustrie so üblich, dass die Näherinnen und Näher 10 Stunden an 6 Tagen die Woche arbeiten[73].

Trotz der schwierigen Situation hat die Regierung der Kinderarbeit den Kampf angesagt und es konnten bereits erste Erfolge verzeichnet werden. So sagte der Staatssekretär Mujibul Haque, die Regierung habe *„die Zahl der Kinder, die unter gesundheitsgefährdenden Bedingungen arbeiten, zwischen 2003 und 2013 halbiert"*[74]. Überdies gab die Regierung bekannt, es solle *„bis 2030 [...] gar keine Kinderarbeit mehr geben"*[75], was angesichts der weitverbreiteten Korruption, sowie anderen sozialen und ökonomischen Missständen ein sehr hochgestecktes Ziel ist.

2.2.5 Unglücke

Die Fabriken, in denen die Menschen all das Leid ertragen müssen, sind oft in einem so schlechten Zustand, dass es in der Vergangenheit bereits zu schweren Unglücken kam. Die bekannteste und schwerste Katastrophe, in der Geschichte des Landes ist der Einsturz des Rana Plazas in Sabhar[76]. Im April 2013 stürzte das achtgeschossige marode Gebäude, in dem sich zur Zeit des Unglückes über 3000 Menschen befanden, ein, sodass 1134 Personen starben und weitere 2438 Menschen verletzt wurden[77]. In dem baufälligen Gebäude waren einige Textilfirmen ansässig und deren skrupellose Besitzer zwangen ihre Angestellten an jenem Unglückstag zu arbeiten, obwohl man große Risse in der Fassade erkennen konnte[78]. Diejenigen, die das Unglück überlebten, erlitten teilweise so schwere Verletzungen, dass sie nie wieder arbeiten können, wodurch sie ein Leben lang auf Unterstützung angewiesen sind[79].

---

[72] vgl. Bild 6
[73] WELTJOURNAL⁺: GIFTIGES GEWAND - Arbeitshölle Bangladesch ORF, 08:16-08:53
[74] Stern (2016): Wenn Kinder für unseren billigen Wohlstand schuften müssen, https://www.stern.de/wirtschaft/news/kinderarbeit-in-bangladesch--wie-kinder-fuer-den-westen-schuften-7229030.html (22.8.19)
[75] ebd.
[76] Holl, Anna (2016), Leute machen Kleider, http://n71 press/leutemachenkleider/ (22.8.19)
[77] ebd. /vgl. Bild 7
[78] Burckhardt 2015, S.23
[79] Vgl. Bild 8

Der Unfall sorgte für weltweite Aufmerksamkeit und zog einige positive Konsequenzen nach sich. Es wurde ein Sicherheitsabkommen („Bangladesh Accord on Fire and Safety") von einigen großen Firmen unterschrieben, Geschädigte und Angehörige erhielten Kompensationszahlungen, es gab eine Gesetzesänderung, die es Arbeitern erlaubt eine Gewerkschaft zu gründen und der Mindestlohn wurde um 77% erhöht[80].

Während diese Katastrophe zumindest einige positive Veränderungen mit sich brachte, so gab es auch einige weniger schlimme Unfälle, die jedoch kaum Aufmerksamkeit erlangten. Ein Beispiel hierfür ist der Brand in der Tazreen-Kleiderfabrik, bei dem 112 Personen qualvoll starben und über 300 sich beim Versuch ihr Leben zu retten verletzten[81]. Die hohen Opferzahlen entstanden dabei durch mangelnde Sicherheitsvorkehrungen, die zuvor sogar nachgewiesen wurden, aber niemanden interessierten[82].

Diese Beispiele zeigen, dass die Firmenchefs bei ihren Fabriken äußerst hartnäckig versuchen an jeder Ecke Geld zu sparen und, dass die Fabrikkontrollen nicht richtig durchgeführt werden. Es fehlen Feuerleitern und Notausgänge, es gibt keine Brandschutzübungen, potentielles Gefahrengut wird gar nicht, oder nicht ausreichend gesichert und alte Gebäude werden nicht renoviert, sondern sie werden verbotenerweise sogar noch um ein Geschoss erhöht[83]. Durch solche Sparmaßnahmen versuchen die Fabrikbesitzer ihren Gewinn zu maximieren, wobei sie sich überhaupt nicht für das Wohl ihrer Arbeiter interessieren. Der egoistische Geiz der Unternehmer vernichtet auf diese Weise manchmal sogar Leben.

2.2.6 Auswirkungen auf die Umwelt

Neben all den menschlichen Katastrophen verursacht die Textilindustrie auch ökologische Desaster, die vor allem die Flora und Fauna des Landes betreffen. Dabei werden vor allem die Flüsse des Landes, die für viele eine Lebensgrundlage darstellen, von den Textilfabriken als Abwasserkanäle missbraucht. Die Industrieabwässer, die voll mit giftigen Farbstoffen, Bleichmitteln und Waschmitteln sind, werden nämlich oft *ungefiltert* in die Flüsse gegeben[84]. Manfred Santen, ein Diplom-Chemiker von Greenpeace, berichtet welche Substanzen für die Kleiderherstellung verwendet werden und deshalb anschließend in den Flüssen landen: *„Schadstoffe, die wir gefunden haben, sind einmal Weichmacher aus der Stoffgruppen der Phthalate, aber auch Nonylphenolethoxylat. Beide Stoffgruppen wirken hormonell, das heißt, sie können das*

---

[80] Holl, Anna (2016): Leute machen Kleider, http://n21.press/leutemachenkleider/ (23.8.19)
[81] Eickenjäger 2017, S.115
[82] ebd.
[83] Burckhardt 2015, S.29-30
[84] vgl. Bild 9

Hormonsystem durcheinanderbringen, einerseits beim Menschen, aber auch bei Tieren. Gefunden wurden auch krebserregende Amine, die eigentlich längst streng verboten sind"[85].

Ein Beispiel für die gewaltige Umweltverschmutzung ist der Buriganga[86]. Täglich fließen etwa 500.000 Kubikmeter toxische Abwässer in den Fluss, sodass Khawaja Minnatullah, der Weltbank-Wasserspezialist für Bangladesch, den Fluss als *„biologisch tot"* bezeichnet[87]. Dabei stellen besonders die Gerbereien eine akute Bedrohung für die Flüsse des Landes dar. Belegen lässt sich dies mit dem Beispiel Hazaribagh, einem Stadtteil von Dhaka, in dem sich 195 Gerbereien befinden[88]. Hier entstehen jeden Tag 22.000 m^3 einer giftigen Lauge, die für das Herstellen von Lederwaren erforderlich ist und diese wird dann ungefiltert in den Buriganga gegeben[89].

Des Weiteren werden für die Herstellung von Textilien Unmengen an Wasser benötigt, wodurch der Grundwasserspiegel an Orten, an denen die Textilindustrie boomt, abnimmt[90]. So sinkt beispielsweise der Grundwasserspiegel in Dhaka jedes Jahr um etwa 3 Meter[91], was entsetzliche Folgen haben kann, denn ein niedriger Grundwasserspiegel kann bekannterweise zu Pflanzensterben oder einem höherem Schadstoffgehalt im Trinkwasser führen.

In vielen Fällen kann die Auswirkung der Textilindustrie auf die Umwelt jedoch noch überhaupt nicht bestimmt werden, da es zu den entsprechenden Fällen noch keine Langzeitstudien gibt. Ein Exempel hierfür sind die sogenannten perfluorierten Chemikalien (PFC), die zur Herstellung von Outdoorkleidung verwendet werden und bereits im Grundwasser gefunden werden konnten[92]. Manche Fluorcarbone sind zwar nachweislich krebserregend, jedoch ist sich die Wissenschaft über die Auswirkungen anderer PFC noch nicht sicher[93]. So warnt auch das deutsche Bundesinstitut für Risikobewertung vor diesen Stoffen, denn *„es sei unklar, wie sich die niedrige, aber doch chronische Exposition von PFC auf die Bevölkerung auswirkt "*[94], was bedeutet, dass sich in einigen Jahren herausstellen könnte, dass die Bewohner Dhakas womöglich jahrelang hochgradig giftiges Wasser getrunken haben.

Das äußerst verantwortungslose Verhalten der Textilindustrie gegenüber der Umwelt stellt eine große Gefahr für die Menschen, Pflanzen und Tiere in den betroffenen Gebieten dar. Diese

---

[85] Burckhardt 2015, S.37
[86] vgl. Bild 10
[87] Hoelzgen, Joachim (2009): Vergifteter Fluss in Bangladesch - Schwarzer Schaum auf dem Buriganga, https://www.spiegel.de/wissenschaft/natur/vergifteter-fluss-in-bangladesch-schwarzer-schaum-auf-dem-buriganga-a-634061.html (23.8.19)
[88] ebd.
[89] ebd.
[90] Schlomski, Iris (2017): Nachhaltiger Umgang mit Wasser in Bangladesch, https://textile-network.de/de/Fashion/Nachhaltiger-Umgang-mit-Wasser-in-Bangladesch (24.8.19)
[91] ebd.
[92] Holdinghausen 2015, S.81
[93] ebd.
[94] ebd.

Verantwortungslosigkeit ist bedauerlicherweise ein wesentlicher Grund, für europäische und amerikanische Firmen in dem Billiglohnland zu produzieren. Wären die Umweltauflagen in Bangladesch nicht so niedrig, müssten Fabrikbesitzer beispielsweise teure Filteranlagen oder Kläranlagen kaufen. Dies hätte zur Folge, dass sie ihre Ware nicht mehr so billig anbieten könnten, wie es der Verbraucher gerne hätte.

2.3 Ursachen für die schlechte Situation und ihr Weiterbestehen

2.3.1 Globalisierung und Verhaltensweisen der Unternehmen

Für die meisten Textilfirmen ist der Gewinn von Geld logischerweise das oberste Ziel und deshalb stellt die Globalisierung für sie einen gewaltigen Vorteil dar. Sie ermöglicht das Verlagern eines Produktionsstandorts in ein anderes Land, in dem für weniger Geld mehr oder weniger dieselbe Ware hergestellt werden kann. Für große europäische Firmen, wie z.B. H&M oder C&A, kommen dabei Billiglohnländer wie Bangladesch, in denen sie produzieren lassen können, wie gerufen, denn eine heimische Produktion wäre, aufgrund eines Mindestlohnes, hohen Umweltstandards, vielen Steuern und weit umfassenden Arbeitsgesetzen, bei Weitem nicht so billig. Bangladesch ist für die Textilmarken so gut geeignet, denn das Land besitzt alles, was europäische Firmen in einem Produktionsland suchen: viele billige Arbeitskräfte und niedrige Umweltstandards. Darüber hinaus sind die Menschen in Bangladesch größtenteils so arm, dass sie jeden Job annehmen müssen, um zu überleben[95]. Die Firmen, die in das Land kommen, um Geld zu sparen, nutzen die Verzweiflung der armen Menschen dabei schamlos aus und so kommt es, dass sie die um Geld bettelnden Menschen für einen Hungerlohn in ihren Fabriken beschäftigen. In gewisser Weise stellt das eine „Win-Win-Situation" dar, denn für beide Parteien gehen ihre Wünsche in Erfüllung. Die einen können billig Mode herstellen lassen und die anderen verdienen daran ein wenig Geld. Problematisch ist dabei, dass die Bengalen systematisch ausgebeutet werden und dagegen nichts machen können, denn sie haben keine andere Wahl. Sie können lediglich zwischen zwei Optionen wählen: entweder arbeiten sie stundenlang für einen Hungerlohn, oder sie kriegen gar kein Geld[96]. Zusammengefasst heißt das also, dass die Arbeiter der Textilindustrie ihre Arbeit mit ihrem Leid annehmen müssen, um noch viel größeres Leid zu vermeiden. Das haben auch die Textilunternehmen erkannt und deshalb existiert für sie kein Grund die Arbeitsbedingungen zu verbessern. Die Menschen arbeiten für sie, auch für jeden noch so kleinen Lohn und jede noch so große gesundheitliche Gefahr, da die einzige Alternative die pure Armut ist.

---

[95] Burckhardt 2015, S.55-56
[96] ebd.

16

Trotz aller Hindernisse hat sich die arbeitsrechtliche Situation von Bangladesch in den letzten Jahren geringfügig verbessert. Beispielweise der Mindestlohn wurde erhöht und das Gesetz wurde so geändert, dass die Arbeiter und Arbeiterinnen davon profitieren[97]. Dieser Wandel verläuft aber leider ausgesprochen langsam, da die schlechten Arbeitsbedingungen und die niedrigen Umweltstandards, neben den politischen und wirtschaftlichen Missständen der Grund sind, weshalb große Modeunternehmen überhaupt in Bangladesch produzieren lassen. Diese niedrigen Standards haben dem Land also paradoxerweise im internationalen Konkurrenzkampf, geholfen.

Genau dieser Konkurrenzkampf ist im Zuge der Globalisierung gänzlich eskaliert, denn besonders Entwicklungsländer sind nun darauf konzentriert ihre Standards zu senken, damit ausländische Firmen dort möglichst billig produzieren können[98]. Dieses sogenannte „Race to the Bottom" wurde natürlich auch in der Textilindustrie betrieben und Bangladesch hat dieses Rennen offensichtlich gewonnen. Jetzt, wo Bangladesch Sieger des „Race to the Bottom" ist, stellt sich natürlich die Frage, warum das Land seine Standards nicht erhöht, um seinen Bewohnern ein erträglicheres Leben zu ermöglichen. Begründen lässt sich dies damit, dass das Land Angst davor hat, dass die Firmen bei einer Erhöhung der Standards ihren Produktionsstandort in ein anderes Land, mit niedrigeren Normen, verlegen könnten, wodurch das Land seinen wichtigsten Wirtschaftszweig, die Textilbranche, verlieren würde[99]. In Anbetracht dessen kann man nicht wirklich sagen, dass Bangladesch das Rennen gewonnen hat, denn es ist noch nicht zu Ende und vermutlich wird es das auch nie sein. Bangladesch liegt derzeit nur an erster Stelle, doch es kann jederzeit überholt werden und dann stünde das Land vor einem gewaltigen Problem.

2.3.2 Politische Missstände

Neben der akuten Armut und den asozialen Verhaltensweisen der Unternehmen stellen die vielen politischen Missstände in Bangladesch ebenfalls eine Ursache für die Misere der Textilindustrie dar. Die Organisation „Freedom House" beschreibt die Presse und die Gesellschaft des Landes als „partiell frei"[100], was bedeutet, dass die Bengalen einerseits so gut wie nie die Wahrheit über Probleme erfahren und andererseits nicht wirklich dagegen vorgehen können.

Weiterhin ist die Korruption in dem Land so weit verbreitet, dass diese als einer der Hauptgründe für die Missstände der Kleiderindustrie anzusehen ist. Das Land ist eines der korruptesten Länder auf der Welt, weshalb Transparency International Bangladesch auf Platz 136 von

---

[97] Holl, Anna (2016): Leute machen Kleider, http://n21.press/leutemachenkleider/ (25.8.19)
[98] Hahn 2009, S. 118
[99] ebd.
[100] Puddington 2017, S. 47-52

177 platziert[101]. Gisela Burckhardt, eine Expertin auf diesem Gebiet, bezieht zu der Thematik ebenfalls Stellung und beschreibt, wie sehr die Kleiderindustrie von der Korruption betroffen ist: *„Der boomendste und somit für Filz und Bestechung besonders anfällige Wirtschaftszweig des Landes ist seit einigen Jahren die Bekleidungsindustrie"*[102]. Da sich die meisten Politiker und Staatsdiener bestechen lassen, können Fabrikbesitzer und Firmenchefs nahezu unbeschränkt ihre Interessen umsetzen. Sie können ohne weiteres gegen Gesetze verstoßen, verhindern, dass diese überhaupt entstehen, oder falls sie mal im Gefängnis landen sollten, können sie sich einfach wieder freikaufen[103]. So konnte sich zum Beispiel Delowar Hossain, der Chef einer großen Textilfirma, mehrmals aus dem Gewahrsam befreien, obwohl er für den Tod von mehr als hundert Textilarbeiterinnen verantwortlich ist[104].

Obendrein wird das Land von der Bangladesh Garment Manufacturers and Exporters Association (BGMEA), einem Verband, in dem alle wichtigen Fabrikbesitzer vertreten sind, zunehmend abhängiger, da er den wichtigsten Wirtschaftszweig, die Textilindustrie, beherrscht[105]. Es versteht sich von selbst, dass dieser Verband alles daransetzte, damit die Situation so aussieht, wie sie jetzt aussieht, denn derzeit ist sie zumindest für die BGMEA sehr vorteilhaft[106]. Der mächtige Verband, oder wie Gisela Burckhardt den Verbund nennt: *„der Staat im Staate"*, ist eng mit der Regierung verknüpft und besitzt eine Menge Geld, was für die Bestechung von hochrangigen Regierungsmitgliedern verwendet wird[107]. So stehen zum Beispiel der Präsident der BGMEA und die Premierministerin in einem engen Verhältnis zueinander, sodass es nahe liegt, dass sogar der Regierungschef nur eine Marionette der Textilindustrie ist[108]. Die Politik handelt also absolut im Interesse der BGMEA und deren Mitglieder haben keinerlei Interesse an einer Verbesserung der Arbeitsbedingungen, da das für sie lediglich geringere Einnahmen bedeutet.

Ein weiterer Faktor, der die schlechten Arbeitsbedingungen begünstigt, ist, dass einige der 345 Parlamentsabgeordneten von Bangladesch sich neben ihrem Beruf als Politiker noch etwas in der Bekleidungsindustrie dazu verdienen[109]. Gemeint sind dabei nicht die vielen Bestechungsgelder, sondern der Erlös einer, oder sogar mehrerer Textilfabriken, denn jeder zehnte Parlamentsabgeordnete ist auch noch Fabrikbesitzer[110]. *„So besitzt zum Beispiel (...) Außenminister Shahriar Alam mehrere Textilfabriken, deren Umsatz geschätzt bei über 100 Mio. Euro liegt"*[111].

---

[101] Burckhardt 2015, S.19
[102] ebd.
[103] ebd., S.20
[104] ebd.
[105] ebd., S.40
[106] ebd., S.41
[107] ebd.
[108] ebd.
[109] ebd., S.19
[110] ebd.
[111] ebd.

In Anbetracht dieses Zusammenhangs, ist es evident, dass es nicht das Ziel der Politiker ist, die Situation in der Bekleidungsindustrie zu verbessern, denn sie profitieren ja davon, wenn Flüsse verschmutzt und Arbeiter ausgebeutet werden. Das Volk hat dieser Übermacht nichts entgegenzusetzen, denn obgleich es die Möglichkeit hat wählen zu gehen, so können es dennoch nicht entscheiden in wesen Interesse der Gewählte letzten Endes handelt, da in Bangladesch für die meisten Politiker „Bestechungsgeld vor sozialem Engagement" gilt.

Eine Möglichkeit, um dennoch auf sich aufmerksam zu machen, wäre, dass sich die vielen Arbeiter und Arbeiterinnen in Gewerkschaften zusammenschließen, um für ihre Interessen zu kämpfen. In der Realität ist dies jedoch noch nicht wirklich geschehen. Dies lässt sich damit begründen, dass die Regierung, beziehungsweise die Fabrikbesitzer, mit harten Maßnahmen gegen Gewerkschafter und sämtliche Gegenstimmen vorgehen. Die Organisation Verdi zählt in einem Artikel, in dem von einem Streik tausender Textilarbeiterinnen für einen höheren Lohn berichtet wird, einige solcher Maßnahmen auf: „*Rund 200.000 Beschäftigte wurden ausgesperrt, Tausende entlassen, Fabriken geschlossen, Arbeiterinnen und Gewerkschafter werden angegriffen, verfolgt und zum Teil inhaftiert*"[112]. Dies mag zunächst drastisch erscheinen, doch wenn man diese Vorgehensweise mit dem Schicksal von Aminul Islam, einem populären Gewerkschafter, vergleicht, so wird einem klar, warum viele Bangladescher nicht Mitglied einer Gewerkschaft sind. Der damalige Präsident der Bangladesh Garment and Industrial Workers Federation wurde nämlich zunächst tagelang gefoltert und dann getötet, nachdem er zuvor jahrelang von staatlichen Sicherheitskräften terrorisiert wurde[113]. Aminuls Mörder wurde nie gefunden[114], da die Polizei und die Justiz höchstwahrscheinlich von irgendeinem Fabrikbesitzer oder Firmenchef bestochen wurden. Das zeigt, dass die Bekleidungsindustrie zur Bekämpfung ihrer Gegner und zur Wahrung ihrer Interessen nicht einmal vor grausamen Verbrechen wie Mord und Folter zurückschreckt, weshalb man sich ihr nach Möglichkeit nicht in den Weg stellen sollte.

Aufgrund von Fällen wie diesen kann man nicht davon reden, dass Bangladesch ein Land ist, in dem die Menschenrechte vollständig anerkannt sind, denn in Artikel 23/4 der allgemeinen Menschenrechtserklärung heißt es: „*Jeder Mensch hat das Recht, zum Schutz seiner Interessen Gewerkschaften zu bilden und solchen beizutreten*"[115], und Aminul durfte seine Interessen nicht

---

[112] Verdi (2017): Verfolgung von Textilarbeiterinnen in Bangladesch – H&M-GBR fordert das Unternehmen zur Einhaltung der Menschenrechte bei Zulieferern, https://www.verdi.de/presse/pressemitteilungen/++co++58a26e1a-e892-11e6-914a-525400940f89 (27.8.19)
[113] Burckhardt 2015, S. 40
[114] Ebd., S.50
[115] Amnesty International: Alle 30 Artikel der Allgemeinen Erklärung der Menschenrechte, https://www.amnesty.de/alle-30-artikel-der-allgemeinen-erklaerung-der-menschenrechte (30.8.19)

schützen. Aber von all dem kriegen wir, wenn wir vor dem Kleiderschrank stehen und überlegen, welches von unseren 20 T-Shirts wir heute anziehen sollen, rein gar nichts mit.

3. Resümee und Schlusswort

3.1 Zusammenfassung der Ergebnisse

Es lässt sich unschwer erkennen, welch schreckliche Folgen unser rücksichtsloses, verschwenderisches und geiziges Konsumverhalten in Bangladesch verursacht hat und unter welch menschenunwürdigen Bedingungen die Hersteller unserer Kleidung leben und arbeiten müssen. Bengalische Näher und Näherinnen müssen stundenlang in baufälligen und schlecht eingerichteten Fabriken, in denen es gelegentlich zu schweren Unfällen kommt, Arbeiten erledigen, die eine große Gefahr für ihre Gesundheit darstellen. Manchmal werden sie dabei sogar erniedrigt, geschlagen oder sexuell belästigt und für diese Tortur erhalten sie nur einen erbärmlichen Lohn, der nicht mal für die Ernährung der Familie reicht. Ihre Kinder müssen die Schule schwänzen und ihre Freizeit aufgeben, um in den Textilfabriken dieselben Qualen wie ihre Eltern zu erleiden. Dabei interessieren sich nicht einmal die Politiker für das Leid ihrer Landsleute, denn anstatt diesen Menschen zu helfen verdienen sie sich durch Bestechungsgelder eine goldene Nase. Wegen dieser katastrophalen Verhältnisse ist das Land für ausbeuterische Betriebe, bei denen der Großteil von uns Stammkunde ist, zum Spar-Paradies geworden und ferner haben diese Firmen das Land längst in ihrer Hand. Ebenso schlecht sieht es für die Umwelt in Bangladesch aus, denn die wird für ein paar Taka, die für Filteranlagen oder umweltfreundliche Farbstoffe anfallen würden, zu Grunde gerichtet, sodass bereits Tausende Tiere und Pflanzen erbärmlich verendet sind. Natürlich hat die Textilindustrie auch ihre positiven Seiten, wie z.B. das enorme Wirtschaftswachstum, die man nicht so einfach außer Acht lassen darf, denn ohne die Kleiderindustrie wäre das Land vermutlich noch viel schlimmer dran. Die Situation ist also, dass die Textilindustrie an sich gut für das Land ist, jedoch gilt das nicht für Art und Weise wie der Industriezweig betrieben wird und genau das muss sich ändern.

3.2 Appell an den Konsumenten

Diese Veränderung kann dabei von *uns*, den Verbrauchern, herbeigeführt werden, weil wenn wir mehr Wert auf eine faire und ökologisch verantwortbare Herstellung unserer Kleidung legen und nicht mehr nur auf den Preis achten, so zwingen wir die Modemarken indirekt dazu dasselbe zu tun. Man sagt eben nicht umsonst: „Die Nachfrage bestimmt das Angebot". Selbstverständlich wird dies seine Zeit brauchen, da nicht jedem eine faire und umweltfreundliche Kleidungsherstellung wichtig ist, doch wenn man so jemand ist, so sollte man beim nächsten Einkauf nicht denken „billige Kleider machen schöne Leute", denn in Wirklichkeit heißt es „arme Leute machen billige Kleider".

4.Anhang

4.1 Diagramme

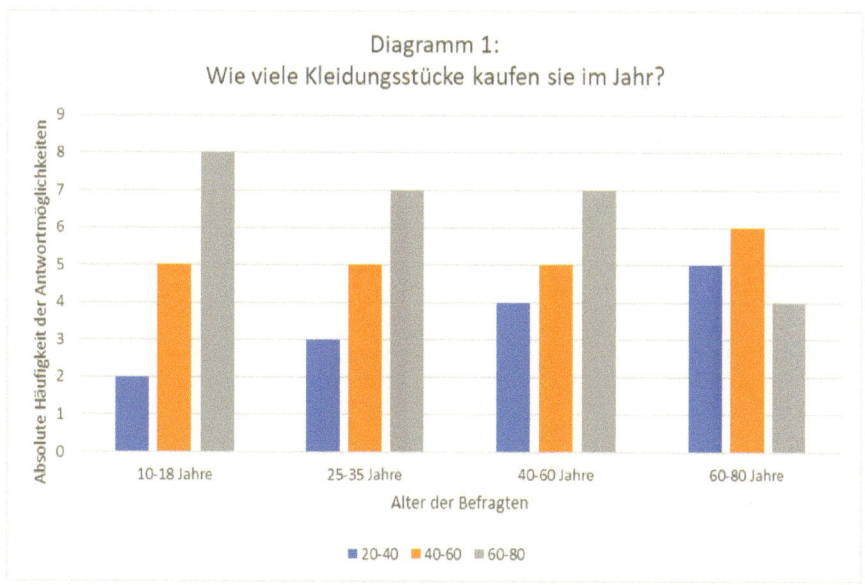

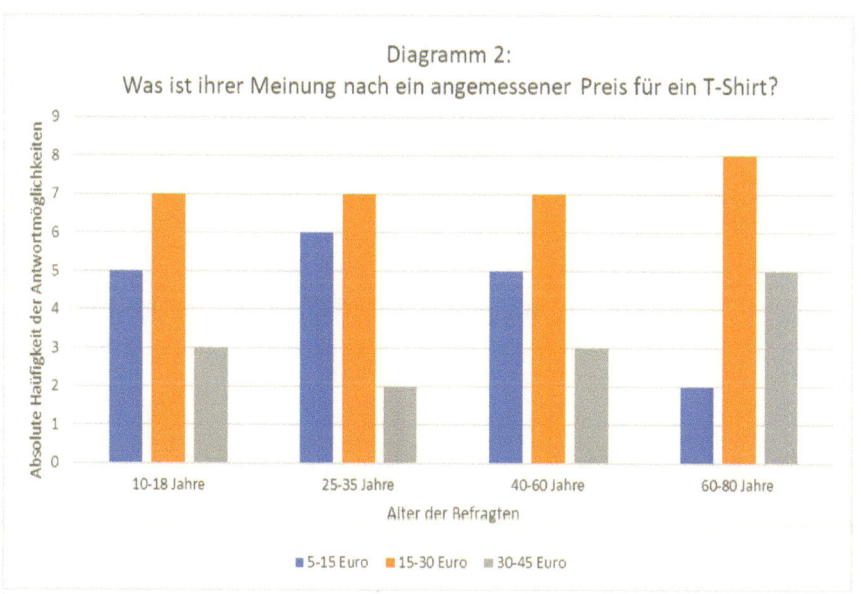

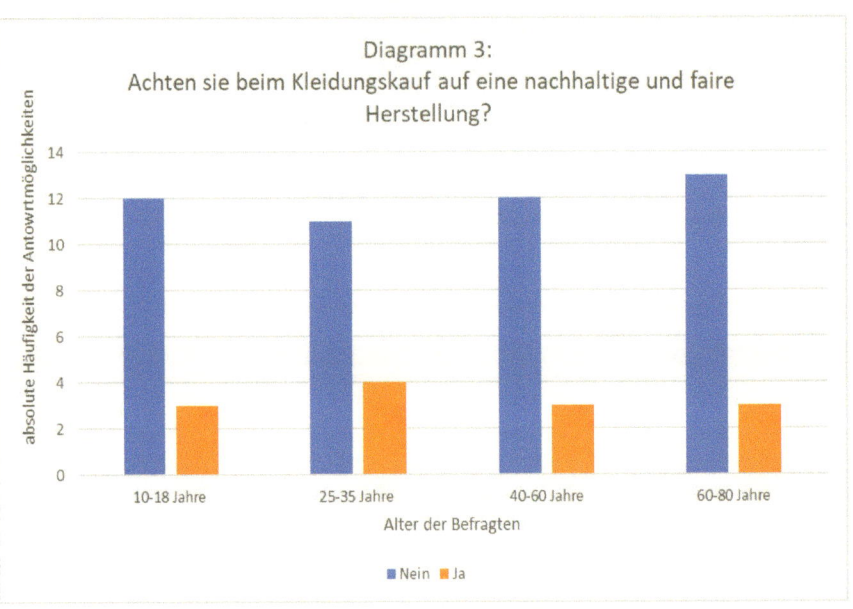

Diagramm 3:
Achten sie beim Kleidungskauf auf eine nachhaltige und faire Herstellung?

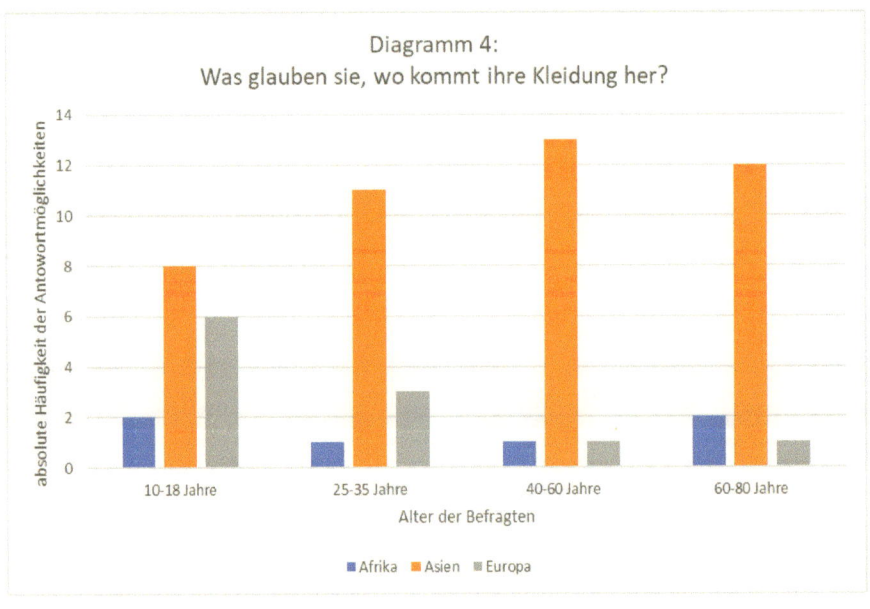

Diagramm 4:
Was glauben sie, wo kommt ihre Kleidung her?

Diagramm 5:

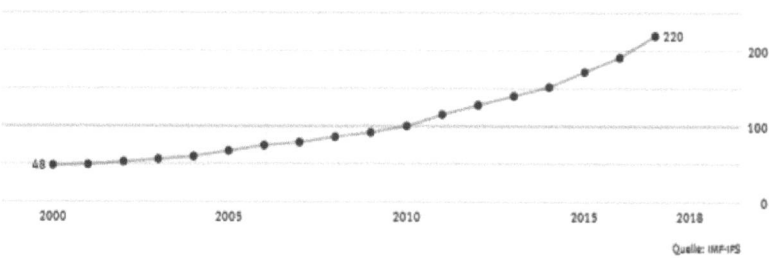

Index der industriellen Produktion
2010=100

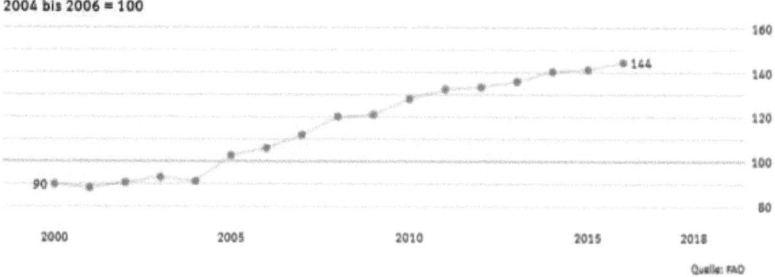

Index der landwirtschaftlichen Produktion
2004 bis 2006 = 100

4.2 Bilder

Das Bild wurde aus urheberrechtlichen Gründen entfernt

Bild 1: Überschwemmtes bengalisches Dorf

Das Bild wurde aus urheberrechtlichen Gründen entfernt

Bild 2: Näherinnen und Näher, die in einer großen Halle arbeiten und dabei beobachtet werden

Das Bild wurde aus urheberrechtlichen Gründen entfernt

Bild 3: Ein Slum in der Hauptstadt Dhaka

Das Bild wurde aus urheberrechtlichen Gründen entfernt

Bild 4: Bengalische Kinder, die in einer Gerberei arbeiten

Das Bild wurde aus urheberrechtlichen Gründen entfernt

Bild 5: Ein „Sandmann" bei der Arbeit

Das Bild wurde aus urheberrechtlichen Gründen entfernt

Bild 6: Mohammed und andere Kinder in einer Textilfabrik

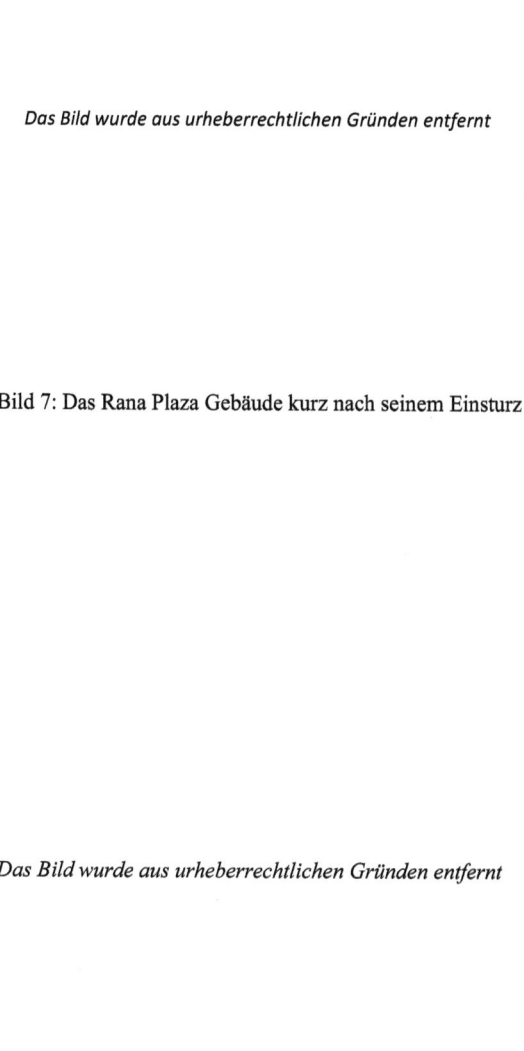

Das Bild wurde aus urheberrechtlichen Gründen entfernt

Bild 7: Das Rana Plaza Gebäude kurz nach seinem Einsturz

Das Bild wurde aus urheberrechtlichen Gründen entfernt

Bild 8: Schwer verletzte Überlebende des Rana Plaza Unglückes

Das Bild wurde aus urheberrechtlichen Gründen entfernt

Bild 9

Das Bild wurde aus urheberrechtlichen Gründen entfernt

Bild 10: Der Buriganga, oder besser gesagt ein grün-blaues hochgiftiges Rinnsal

5. Quellenverzeichnis

5.1 Literaturquellen

-Burckhardt, Gisela: Todschick: Edle Labels, billige Mode – unmenschlich produziert. München: Heyne Verlag, 2014.

-Burckhardt, Gisela: Corporate Social Responsibility - Mythen und Maßnahmen: Unternehmen verantwortungsvoll führen, Regulierungslücken schließen. 2. Aufl. Berlin Heidelberg New York: Springer-Verlag, 2014.

-Eickenjäger, Sebastian: Menschenrechtsberichterstattung durch Unternehmen. 1. Aufl. Tübingen: Mohr Siebeck, 2017.

- Hahn, Rüdiger; Wagner, Prof. Dr. Gerd Rainer: Multinationale Unternehmen und die "Base of the Pyramid": Neue Perspektiven von Corporate Citizenship und Nachhaltiger Entwicklung. 1. Aufl. Berlin Heidelberg New York: Springer-Verlag, 2009.

-Holdinghausen, Heike: Dreimal anziehen, weg damit: Was ist der wirkliche Preis für T-Shirts, Jeans und Co? Frankfurt am Main: Westend Verlag, 2015.

- House, Freedom: Freedom in the World 2017: The Annual Survey of Political Rights and Civil Liberties.: Rowman & Littlefield Publishers, Incorporated, 2017.

-Kuschnir, Iwan: Wirtschaft Bangladeschs. Printed in the United States of America: Independently Published, 2019.

-Wulff, Sarah: Arbeitsbedingungen in der Textilindustrie. München: GRIN Verlag, 2018.

-Yunus, Muhammad; Ottermann, Monika; Weber, Karl: Ein anderer Kapitalismus ist machbar: Wie Social Business Armut beseitigt, Arbeitslosigkeit abschafft und Nachhaltigkeit fördert. Gütersloh: Gütersloher Verlagshaus, 2018.

5.2 Internetquellen

- Statistisches Bundesamt (2018): Bangladesch-Statistisches Länderprofil, https://www.destatis.de/DE/Themen/Laender-Regionen/Internationales/Laenderprofile/bangladesch.pdf?__blob=publicationFile, (1.9.19)

- Brühl, Jannis (2013): Faserland, https://www.sueddeutsche.de/wirtschaft/textilindustrie-in-bangladesch-arbeiten-und-sterben-im-faserland-1,1661365 (1,9,19)

- Naß, Matthias (2014): Bangladesch-Nähen für die Frauenbefreiung
https://www.zeit.de/2014/25/bangladesch-machtkampf/seite-2 (2.9.19)

- Lernhelfer (2010): Bangladesch-Bengalen, https://www.lernhelfer.de/schuelerlexikon/geografie/artikel/bangladesch-bengalen (2.9.19)

- Kolonko, Gilbert (2019): Bangladesch: Der Mensch frisst sich weiter auf, https://www.heise.de/tp/features/Bangladesch-Der-Mensch-frisst-sich-weiter-auf-4324624.html?seite=all (30.08.2019)

- Holl, Anna (2016): Leute machen Kleider, http://n21.press/leutemachenkleider/ (30.08.2019)

- Magazin für globale Entwicklung und ökumenische Zusammenarbeit (2010), https://www.welt-sichten.org/artikel/3058/slumbewohner-gelten-nicht-als-menschen-mit-rechten (30.08.2019)

- Holl, Anna (2015), Ich verspreche, die Kleidung so gut wie möglich zu machen. Das ist mein Versprechen, http://n21.press/in-der-fabrik-war-es-eine-tortur/ (30.08.2019)

- FEMNET (2018): Frauen in der Bekleidungsindustrie Bangladeschs, https://saubere-kleidung.de/wp-content/uploads/2018/07/FEMNET-FactSheet-Bangladesh-2018-online.pdf (30.08.2019)

- Stern (2016): Wenn Kinder für unseren billigen Wohlstand schuften müssen, https://www.stern.de/wirtschaft/news/kinderarbeit-in-bangladesch--wie-kinder-fuer-den-westen-schuften-7229030.html (1.9.19)

- Hoelzgen, Joachim (2009): Vergifteter Fluss in Bangladesch - Schwarzer Schaum auf dem Buriganga, https://www.spiegel.de/wissenschaft/natur/vergifteter-fluss-in-bangladesch-schwarzer-schaum-auf-dem-buriganga-a-634061.html (1.9.19)

- Schlomski, Iris (2017): Nachhaltiger Umgang mit Wasser in Bangladesch, https://textile-network.de/de/Fashion/Nachhaltiger-Umgang-mit-Wasser-in-Bangladesch (1.9.19)

- Verdi (2017): Verfolgung von Textilarbeiterinnen in Bangladesch – H&M-GBR fordert das Unternehmen zur Einhaltung der Menschenrechte bei Zulieferern, https://www.verdi.de/presse/pressemitteilungen/++co++58a26e1a-e892-11e6-914a-525400940f89 (1.9.19)

- Amnesty International: Alle 30 Artikel der Allgemeinen Erklärung der Menschenrechte, https://www.amnesty.de/alle-30-artikel-der-allgemeinen-erklaerung-der-menschenrechte (1.9.19)

5.3 Filmquellen

- Gesichter der Armut -Leben mit ein paar Cent, Manfred Karremann, ZDF 2015, verfügbar unter: https://www.zdf.de/dokumentation/37-grad/gesichter-der-armut-arbeiten-in-der-textilindustrie-in-100.html

- WELTJOURNAL[+]: GIFTIGES GEWAND - Arbeitshölle Bangladesch, ORF 2013, verfügbar unter: https://www.youtube.com/watch?v=1uDMdYMgFEA

5.4 Bilder- und Diagrammquellen

-Bild 1: http://fluchtgrund.earthlink.de/2018/12/bangladescher-fluechten-vor-naturkatastrophen-ein-opfer-unserer-klimapolitik/

-Bild 2: https://www.spiegel.de/wirtschaft/soziales/bangladesch-wie-das-rana-plaza-unglueck-textilfabriken-veraenderte-a-1203749.html

-Bild 3: https://www.msf.org/slum-conditions-bangladesh-pose-health-hazards-and-malnutrition-sign-other-illnesses

-Bild 4: https://www.zdf.de/dokumentation/37-grad/gesichter-der-armut-arbeiten-in-der-textilindustrie-in-100.html 34:51

-Bild 5: https://gulfnews.com/world/asia/sandblasting-jeans-comes-under-fire-in-bangladesh-1.890235

-Bild 6: https://www.zdf.de/kinder/logo/eine-textilfabrik-in-bangladesch-100.html 00:00

-Bild 7: https://de.wikipedia.org/wiki/Gebäudeeinsturz_in_Sabhar#/media/Datei:Dhaka_Savar_Building_Collapse.jpg

-Bild 8: https://www.just-style.com/analysis/timeline-of-change_id121466.aspx

-Bild 9: file:///C:/Users/luisa/Pictures/Saved%20Pictures/Materialie247_textilbuendnis_zum-Thema.pdf, Seite 10

-Bild 10: https://www.ctvnews.ca/business/report-examines-grim-bangladesh-leather-trade-links-to-west-1.3340463

- Diagramm 5: https://www.destatis.de/DE/Themen/Laender-Regionen/Internationales/Laenderprofile/bangladesch.pdf?__blob=publicationFile (Seite 8)

BEI GRIN MACHT SICH IHR WISSEN BEZAHLT

- Wir veröffentlichen Ihre Hausarbeit,
  Bachelor- und Masterarbeit

- Ihr eigenes eBook und Buch -
  weltweit in allen wichtigen Shops

- Verdienen Sie an jedem Verkauf

Jetzt bei www.GRIN.com hochladen
und kostenlos publizieren